특별한 레시피를 원하는 홈베이커들을 위한

머 핀

머핀

발 행 일　2017년　08월　01일
초판인쇄일　2017년　07월　06일

지 은 이　미코유 김민지, 미상유 이재건
발 행 인　박영일
책 임 편 집　이해욱

편 집 진 행　박종옥, 강현아
표지디자인　박수영
본문디자인　김현진

발 행 처　시대인
공 급 처　(주)시대고시기획
출 판 등 록　제 10-1521호

주　　　소　서울시 마포구 큰우물로 75(도화동 538) 성지 B/D 6F
전　　　화　1600-3600
팩　　　스　02-701-8823
홈 페 이 지　www.sidaegosi.com

I S B N　979-11-254-3677-5(13590)

정　　　가　14,000원

다섯 번째인 이 책을 작업하며

2016년은 제 평생 잊지 못할 선물을 받은 해입니다. 바로 9월에 우리 하은이가 태어났기 때문이지요. 임신과 출산, 육아로 이어지는 새로운 세상에서 초보엄마인 저는 하루에도 몇 번씩 곤히 자는 아기를 바라보며 행복해했다가 이유도 모르게 울어대는 아기를 보며 함께 끙끙거리기도 하며, 세상 처음 느껴보는 행복함과 낯선 경험에 하루하루를 보내고 있었어요.

하은이가 태어나고 70일 정도 되었을까요. 출판사 편집장님으로부터 머핀책 제안을 받게 되었을 때, 지금 이 상황에서 내가 베이킹책 작업을 할 수 있을까 걱정을 많이 했어요. 솔직히 저는 아기를 낳으면 아무것도 못할 줄 알고 베이킹 도구들을 많이 처분한 상태였거든요. '내가 잘 할 수 있을까' 하는 고민은 며칠 동안 계속 되었습니다. 그럴 때마다 저에게 희망을 준 사람은 바로 하은이 아빠이자 제 사랑하는 남편이었어요. 남편은 자기가 최대한 도와줄 테니 이번에 온 기회를 놓치지 않았으면 좋겠다고 하더라고요. 그렇게 남편의 지지와 출판사의 배려로 넉넉한 작업 기간 아래 책 작업이 하나씩 이루어졌습니다.

단순하게 보면 '머핀'이라는 한 가지 주제이지만, 머핀이 빵처럼 담백하면 식사가 될 수 있고 달콤하면 컵케이크처럼 훌륭한 디저트가 될 수 있으니, 하루에도 몇 번씩 새로운 머핀 메뉴를 상상하는 일은 육아 중에 느끼는 또 다른 즐거움이었어요. 아기 기저귀를 갈면서도, 젖을 물리면서도 '머핀을 이렇게 만들어보면 어떨까?', '이 재료를 넣어보는 건 어떨까?' 하고 말이죠. 그렇게 몇 개월에 걸쳐 드디어 책 작업이 마무리되었습니다. 베이킹이 특별한 일이 아닌, 밥을 짓고 찌개를 끓이는 것처럼 누구나 쉽게 다가갈 수 있었으면 하는 마음으로 책을 준비했어요. 예를 들어 부추를 한 다발 사온 날엔 남편을 위해 부추전을 부치고, 아이들과 함께 반죽에 넣어 부추 머핀도 만들며 온가족이 함께 즐겼으면 하고 말이지요. 특히 노버터 베이킹은 오일을 이용해 만드는 만큼, 특별한 도구와 스킬 없이도 누구나 간편하고 건강하게 만들 수 있다고 생각합니다. 아기를 낳고 엄마가 되니, 그전과는 다르게 엄마의 마음으로 좀 더 건강한 베이킹을 하게 되는 것 같아요. 우리 하은이가 어서 커서 엄마가 만든 맛있는 간식을 먹는 모습을 상상하면서 말이지요.

끝으로 제가 만든 머핀들을 가장 멋스럽고 맛있게 사진으로 남겨준 남편, 엄마가 작업하는 동안 아무 탈 없이 쑥쑥 잘 커준 우리 딸 하은이, 맛있게 드시고 많은 조언으로 큰 도움을 주신 친정엄마를 비롯한 가족, 지인 분들께도 이 자리를 빌려 진심으로 감사의 말씀을 전하고 싶습니다. 아! 출산한 지 70일된 아기엄마에게 적극적인 제안을 주셨던 출판사 시대인이 아니었으면 아마도 포기하지 않았을까싶네요. 다시 한 번 감사의 인사를 드립니다. 그 밖에 저를 응원해 주신 분들 모두 감사합니다.

Part 1. 달콤한 디저트 머핀

홈베이킹 도구 소개

■ 머핀틀

다양한 종류와 크기의 머핀틀이 있습니다. 어떤 것을 사용해도 무방하며, 취향에 따라 편하게 선택해서 사용하면 됩니다. 이 책에서는 높은 머핀틀과 낮은 머핀틀, 그리고 미니 머핀틀 세 가지를 사용했습니다.

만약 반죽이 머핀틀보다 적다면 빈 공간에 뜨거운 물을 부어 구우면 결과물이 더 잘 나오고, 반죽이 많다면 수플레 컵 1~2개를 준비해 두었다가 조금 덜어 따로 굽는 것이 좋습니다. 반죽을 다 구우려고 억지로 다 담게 되면 굽는 과정에서 부풀어 올라 화산처럼 넘치게 되니 주의합니다.

■ 거품기

거품기는 손 거품기와 핸드믹서 두 가지가 있습니다. 아무래도 핸드믹서를 사용하는 것이 더 편리하지만, 계란 거품을 풍성하게 내지 않는 오일 베이킹일 경우에는 손 거품기를 사용해도 무방합니다.

■ 주걱

다양한 종류의 주걱을 모두 사용해도 되지만, 실리콘 주걱을 사용하는 것이 좀 더 깔끔하게 반죽을 섞고 덜어낼 수 있어 편리합니다.

■볼

반죽을 하는 볼은 스테인리스 볼과 유리 볼 모두 상관없으며 대, 중, 소 크
기별로 세 가지 정도 마련을 해서 반죽의 양에 따라 혹은 과정에 따라 나누
어 사용하면 편리합니다.

■오븐

이 책의 모든 머핀은 작은 미니 오븐으로 작업을 하였으며, 시중에 있는 온
도와 시간이 조절되는 어떤 오븐으로 만들어도 무방합니다. 단, 업소용 컨
벡션오븐일 경우에는 책에 적혀있는 온도에서 10~20℃ 정도 빼서 구우면
보다 좋은 결과물을 얻을 수 있습니다.

■체

가루재료를 체에 내림으로써 재료들이 서로 뭉치지 않고 잘 섞일 수 있도
록 하는 역할을 합니다. 없어도 무방하긴 하지만 체를 사용하는 것이 고른
결과물을 만들 수 있어 은근히 필수적인 도구입니다.

홈베이킹 재료 소개

■ 밀가루

밀가루의 글루텐 함량에 따라서 강력분, 중력분, 박력분으로 나뉘며 이 책에서는 대부분 박력분을 사용했습니다. 강력분으로 만들면 쫄깃한 떡 같은 식감이 되어 추천하지 않으며, 중력분을 사용한다면 좀 더 묵직한 식감이 됩니다. 취향에 따라서 밀가루의 전부 혹은 일부를 통밀로 대체해도 되지만 식감에서 차이가 발생할 수 있습니다.

■ 버터 & 오일

버터는 어떤 것을 사용해도 좋지만 프랑스산 고메버터를 사용하면 풍미가 훨씬 더 좋습니다. 그리고 오일은 특별한 이유가 없다면 향이 강하지 않고 재료의 풍미도 살려주는 포도씨유나 카놀라유를 사용합니다.

■ 설탕

주로 백설탕을 사용하지만 유기농 설탕을 사용해도 무방합니다. 대신 유기농 설탕은 입자가 굵기 때문에 조금 더 휘핑을 해서 녹여줍니다.

■ **바닐라익스트랙**

머핀에 부드럽고 향긋한 향을 더하고 계란의 비린내를 제거하는데 탁월합
니다. 없다면 생략해도 됩니다.

■ **우유 & 두유**

머핀의 질기를 조절하는데 사용합니다. 밀가루의 상태와 습도에 따라서 반
죽의 질기가 달라지기 때문에 한 번에 다 넣지 말고 반죽의 상태를 보면서
가감해서 넣습니다.

■ **달걀**

머핀을 보다 부드럽고 포실포실하게 만드는 역할을 하며 신선한 달걀을 사
용해야 맛이 좋습니다.

■ **베이킹파우더 & 소다**

반죽을 부풀게 하는 역할을 하며 부드럽고 폭신하게 만들어줍니다.

머핀 만들기

머핀은 밀가루에 설탕과 유지, 우유, 달걀, 베이킹파우더 등을 넣어서 원통형 틀에 구워 낸 베이커리의 한 종류입니다. 달콤하게 만들어서 디저트로 먹어도 좋고, 담백하게 만들어 아침 식사대용으로 즐기기에도 안성맞춤이에요. 머핀 하나에 필수영양소인 탄수화물과 단백질, 지방이 들어있고, 함께 들어가는 재료에 따라서 비타민과 식이섬유 등도 섭취할 수 있으니 하루 한 끼 식사로 충분하겠지요.

건강식으로 만들어도, 달콤하게 컵케이크 느낌으로 만들어도 맛이 좋은 매력적인 머핀을 만드는 것은 전혀 어렵지 않아요. 유지에 설탕을 넣고 섞다가 계란을 넣고 밀가루와 나머지 재료 순으로 넣어서 반죽해 오븐에 구워 내기만 하면 되거든요. 만약 머핀틀이 없더라도 걱정하지 마세요. 사기로 된 밥그릇을 이용해도 되고, 나누어 굽지 않고 한 덩어리로 케이크틀이나 파운드틀에 넣어서 구워도 되니 재료가 없어도, 도구가 없어도 어렵지 않게 누구나 쉽게 만들 수 있답니다.

Part 1
달콤한
디저트 머핀

고구마 앙금 머핀

달콤한 고구마와 백앙금이 들어가 한층 더 부드럽고 촉촉한 머핀입니다. 고구마의 씹는 식감을 살리고 싶다면, 반은 으깨 퓌레로 만들고, 반은 껍질째 큐브로 썰어 반죽에 넣으면 돼요. 또한 흑임자나 다진 견과류를 넣으면 한층 더 업그레이드 된 맛을 즐길 수 있답니다.

재료

버터	100g	바닐라익스트랙	1t	베이킹파우더	3g
설탕	50g	백앙금	60g	으깬 고구마	150g
달걀	2개	박력분	150g	토핑용 고구마	50g

고구마를 삶은 뒤에 껍질을 벗겨 곱게 으깨고, 토핑용은 껍질째 큐브로 썰어 준비합니다.

볼에 버터를 넣고 거품기를 이용해 가 볍게 풉니다.

버터에 설탕을 넣고 색이 옅어질 때까 지 휘핑합니다.

실온의 달걀을 2~3회에 걸쳐 나눠 넣 고, 바닐라익스트랙도 넣어 섞습니다.

반죽에 백앙금과 으깬 고구마를 넣어 섞습니다.

체 친 가루재료를 넣고 고무주걱을 이 용해 자르듯이 반죽을 섞습니다.

머핀틀에 유산지를 깔고 반죽을 채운 뒤, 토핑용 고구마를 올려 장식합니다.

180℃로 예열된 오븐에서 20~25분간 구우면 완성입니다.

TIP

반죽 속에 큐브로 썬 고구마를 넣어도 좋습니다.

녹차 시폰머핀

'실크'라는 뜻을 가진 시폰케이크는 달걀흰자로 만든 머랭이 들어가 촉촉하고 부드러운 식감이 특징인데요. 기존의 시폰틀 대신 머핀틀에 앙증맞게 구워낸 녹차 시폰머핀입니다. 녹차가 들어있어 쌉싸름한 머핀에 달콤한 생크림을 곁들여 함께 즐기면 달콤 쌉싸름한 맛이 일품이랍니다.

재료

박력분	66g	달걀	3개	바닐라익스트랙	1t
녹차가루	5g	포도씨유	40g	설탕A	30g
베이킹파우더	2g	우유	35g	설탕B	65g

Home Bakery

01

볼에 포도씨유와 우유, 바닐라익스트 랙을 넣고 거품기로 섞습니다.

02

달걀을 노른자와 흰자로 분리한 후, 노른자만 볼에 담아 설탕A를 넣고 잘 섞습니다.

03

체 친 가루재료를 넣고 거품기로 크게 원을 그리며 섞습니다.

04

다른 볼에 흰자를 담고, 설탕B를 3회에 걸쳐 나눠 넣으며 휘핑해 끝이 살짝 구 부러지는 정도의 머랭을 만듭니다.

05

반죽에 머랭을 3회에 걸쳐 나눠 넣으 며 섞습니다.

06

머랭이 꺼지지 않도록 주의하면서 고 무주걱을 이용해 살살 섞어 반죽을 완 성합니다.

07

머핀틀에 유산지를 깔고 반죽을 채웁 니다.

08

윗면을 평평하게 만들고, 170℃로 예 열된 오븐에서 22~25분간 구우면 완 성입니다.

TIP

녹차가루 대신 홍차가루를 넣어도 좋습니다.

단팥크림 말차 머핀

녹차보다 훨씬 더 깊고 진한 맛의 말차는 찻잎을 통째로 먹기 때문에 차의 유익한 성분을 모두 섭취할 수 있다고 해요. 쌉싸름한 향과 짙은 녹색이 매력적인 말차 머핀과 달콤한 단팥크림의 조화. 생각만 해도 벌써 기분이 좋아지네요.

재료

버터	105g	베이킹파우더	3g	· 단팥크림	
설탕A	100g	말차가루	7g	생크림	100g
달걀	2개	우유	15~20g	설탕B	10g
박력분	140g			단팥앙금	50g

01 실온의 버터를 볼에 넣고 가볍게 풉니다.

02 버터에 설탕A를 넣고, 색이 옅어질 때까지 휘핑합니다.

03 실온의 달걀을 2~3회에 걸쳐 나눠 넣으며, 분리되지 않도록 골고루 섞습니다.

04 체 친 가루재료를 넣고 고무주걱으로 자르듯이 섞습니다.

05 우유를 넣고 반죽을 매끈하게 섞습니다.

06 머핀틀에 유산지를 깔고 반죽을 채웁니다.

07 180℃로 예열된 오븐에서 20~25분간 구우면 완성입니다.

08 차가운 생크림에 설탕B를 넣고 휘핑한 뒤, 단팥앙금을 넣은 단팥크림을 곁들이면 맛이 더욱 배가됩니다.

TIP

말차가 너무 진해 부담스럽다면 녹차가루를 넣어도 좋습니다.
반죽에 팥앙금이나 화이트 초콜릿을 넣어도 잘 어울립니다.

망고 요거트 머핀

비타민A가 풍부해 눈 건강에 탁월한 효능이 있는 망고와 풍부한 유산균으로 소화를 돕는 요거트가 만났습니다. 컴퓨터와 스마트폰을 많이 하시거나, 일하느라 혹은 공부하느라 하루 종일 책상에 앉아있어서 소화가 잘 되지 않으신가요? 그렇다면 망고와 요거트가 들어간 머핀으로 하루의 피로를 풀어보는 건 어떨까요?

재료

버터	90g	박력분	140g	망고	50g
설탕	100g	베이킹파우더	3g	토핑용 망고	30g
달걀	2개	요거트	70g		

01 볼에 실온의 버터를 넣고 거품기로 가볍게 풀다가, 설탕을 넣어 색이 옅어질 때까지 휘핑합니다.

02 실온의 달걀을 2~3회에 걸쳐 나눠 넣습니다.

03 분리되지 않도록 골고루 섞습니다.

04 가루재료를 체 쳐서 넣고 고무주걱을 이용해 자르듯이 섞습니다.

05 날가루가 약간 남았을 때, 요거트와 망고를 넣고 반죽을 매끈하게 섞습니다.

06 머핀틀에 유산지를 깔고, 반죽을 채웁니다.

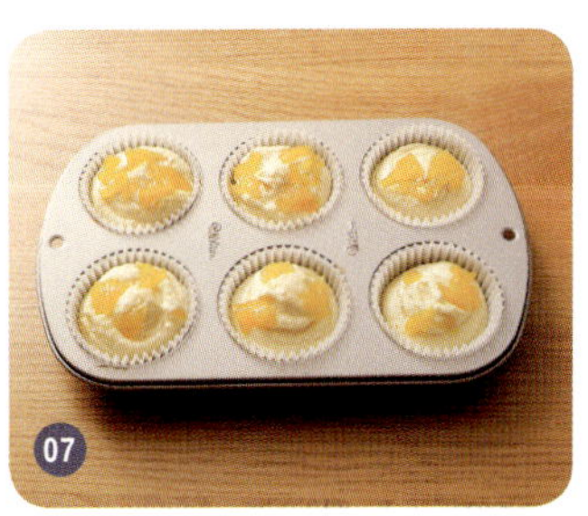

07 토핑용 망고를 올려 장식합니다.

08 180℃로 예열된 오븐에서 20~25분간 구우면 완성입니다.

TIP

망고를 구하기 힘들 때는 망고통조림을 사용해도 좋습니다.

얼그레이 밀크티 머핀

추운 겨울철이면 생각나는 따뜻한 밀크티. 우유에 홍차를 넣고 진하게 우려낸 밀크티를 반죽에 넣어 은은한
홍차향이 매력적인 머핀입니다. 좀 더 진한 홍차의 풍미를 느끼고 싶다면 반죽 안에 홍차 잎을 함께 넣어보
세요. 홍차의 깊은 매력에 빠지게 될 거예요.

🥄 재료

버터	90g	달걀	2개	탈지분유	15g
황설탕	50g	박력분	150g	우유	100g
백설탕	50g	베이킹파우더	3g	얼그레이 티백	2개

우유에 얼그레이 티백을 넣고 끓여, 진하게 우린 밀크티 50g을 준비합니다.

실온의 버터를 볼에 넣고 가볍게 풉니다.

설탕을 2회에 걸쳐 나눠 넣고, 색이 옅어질 때까지 휘핑합니다.

실온의 달걀을 2~3회에 걸쳐 나눠 넣고, 분리되지 않도록 고루 섞습니다.

체 친 가루재료를 한 번에 넣고 고무주걱을 이용해 자르듯이 섞습니다.

날가루가 약간 남았을 때, 미리 우려낸 밀크티를 반죽에 넣고 매끈하게 섞습니다.

머핀틀에 유산지를 깔고 반죽을 채웁니다.

180℃로 예열된 오븐에서 20~25분간 구우면 완성입니다.

TIP

반죽에 시나몬가루, 너트맥(육두구) 등의 향신료를 소량 넣으면 더욱 풍미가 살아납니다.

바닐라 머핀

가장 머핀스럽고, 가장 무난한 맛의 바닐라 머핀입니다. 그래서인지 호불호가 나뉘지 않고 대중적으로 많은
사랑을 받고 있는데요. 머핀을 한 입 베어 물고, 다 먹기 전에 꼭 우유를 곁들여 드셔보세요. 이 머핀만큼은
커피보다 우유에 양보하고 싶네요.

재료

버터	100g	박력분	135g	우유	20g
설탕	100g	베이킹파우더	3g	바닐라빈	1개
달걀	2개				

01

볼에 실온의 버터를 넣고 가볍게 풉니다.

02

버터에 설탕을 넣고 색이 옅어질 때까지 휘핑합니다.

03

실온의 달걀을 2~3회에 걸쳐 나눠 넣으며 분리되지 않도록 골고루 섞습니다.

04

체 친 가루재료를 넣고 고무주걱을 이용해 자르듯이 섞습니다.

05

날가루가 약간 남았을 때, 우유를 넣고 섞습니다.

06

바닐라빈은 세로로 길게 잘라 칼로 씨를 긁어내어 반죽에 넣습니다.

07

머핀틀에 유산지를 깔고, 반죽을 채웁니다.

08

180℃로 예열된 오븐에서 20~25분간 구우면 완성입니다.

TIP

버터에 설탕과 달걀을 넣어 휘핑하는 크림화과정이 짧으면 묵직하면서도 촉촉한 식감이, 길면 굉장히 부드러운 식감이 됩니다. 카스텔라처럼 폭신폭신한 식감을 원한다면, 달걀을 2~3회에 걸쳐 나눠 넣으며 충분히 섞고, 가루재료를 넣은 후 고무주걱으로 여러 번 섞으면 됩니다.

소보로 블루베리 머핀

머핀 위에 소보로를 올려 윗면은 쿠키처럼 바삭하고, 반죽에는 블루베리를 듬뿍 넣어 과육의 촉촉함을 그대로 느낄 수 있는 머핀이에요. 소보로는 넉넉히 만들어 냉동실에 넣어두었다가 다른 베이킹에 활용해보세요. 같은 빵이라도 전혀 다른 느낌으로 만들 수 있답니다.

재료

버터	80g	베이킹파우더	3g	• 소보로	
설탕	90g	아몬드가루	20g	버터	20g
달걀	1개	냉동블루베리	60g	설탕	20g
박력분	110g			아몬드가루	20g
				박력분	25g

01 볼에 소보로용 버터와 설탕을 넣고 섞습니다.

02 체 친 아몬드가루와 박력분을 넣고 손으로 비벼가며 동글동글한 모양의 소보로를 만들어 준비합니다.

03 다른 볼에 실온의 버터를 넣고 거품기로 가볍게 풉니다.

04 버터에 설탕을 넣고 색이 옅어질 때까지 휘핑합니다.

05 실온의 달걀을 2회에 걸쳐 나눠 넣고 분리되지 않도록 고루 섞습니다.

06 체 친 가루재료를 넣고 자르듯이 섞다가, 날가루가 약간 남았을 때 냉동블루베리를 넣고 반죽을 매끈하게 섞습니다.

07 머핀틀에 유산지를 깔고 반죽을 채운 뒤, 미리 만들어둔 소보로를 반죽에 올립니다.

08 180℃로 예열된 오븐에서 20~25분간 구우면 완성입니다.

TIP

냉동블루베리에 밀가루를 살짝 묻혀 반죽에 넣으면 반죽이 보라색이 되는 것을 막을 수 있습니다.

시나몬 미니도넛 머핀

잘 구운 머핀을 녹인 버터에 살짝 적셨다가, 시나몬토핑을 묻혀 만든 도넛 스타일의 머핀입니다. 일반 도넛과 달리 튀기지 않았기 때문에 더욱 담백하고 칼로리 걱정도 덜 수 있어요. 사워크림의 촉촉함과 시나몬의 깔끔함이 더해진 시나몬 미니도넛 머핀. 지금 바로 만들어보세요.

굽기

오븐을 예열한 뒤 반죽을 넣습니다.

온 도 170℃
시 간 약 20분
분 량 미니 머핀 11개

재료

버터	60g	박력분	90g	• 시나몬 토핑	
설탕	80g	베이킹파우더	3g	녹인 버터	30g
달걀	1개	사워크림	40g	설탕	50g
				시나몬파우더	1g

볼에 버터를 넣고 가볍게 풉니다.

버터에 설탕을 넣고 색이 옅어질 때까지 휘핑합니다.

실온의 달걀을 넣고 분리되지 않도록 고루 섞습니다.

체 친 가루재료를 넣고 고무주걱을 이용해 자르듯이 섞다 사워크림을 넣어 같이 섞습니다.

머핀틀 안쪽에 녹인 버터나 오일을 바르고 반죽을 채웁니다.

170℃로 예열된 오븐에서 20분간 굽습니다.

토핑용 녹인 버터에 잘 구운 머핀의 윗부분을 담가 적십니다.

촉촉이 젖은 머핀의 윗부분을 설탕과 시나몬파우더를 고루 섞은 토핑에 묻히면 완성입니다.

TIP

반죽에 들어간 사워크림은 요거트 혹은 생크림으로 대체 가능합니다.

에스프레소 퍼지브라우니 머핀

왜 그런 날 있잖아요. 스트레스를 엄청 받았다거나 하루가 길다고 느낄 정도로 피곤한 날. 이상하게도 이런
날은 온 몸에서 당 충전이 필요하다고 외치는 것만 같아요. 이때, 진한 퍼지브라우니 머핀에 따뜻한 아메리
카노를 한 잔 드셔보세요. 바닥부분은 촉촉하고 윗부분은 초콜릿무스 느낌의 머핀에 "아, 이제야 살 것 같
다."라는 말이 절로 나오실 거예요.

재료

박력분	100g	다크초콜릿	150g	황설탕	60g
코코아가루	20g	버터	100g	백설탕	60g
베이킹파우더	2g	달걀	2개	에스프레소	15g

볼에 버터와 다크초콜릿을 함께 넣고,
중탕으로 녹입니다.

설탕을 한 번에 넣고 거품기로 섞습니
다.

설탕의 서걱거리는 소리가 들리지 않
을 정도로 저으며 녹입니다.

실온의 달걀을 한 개씩 넣으며 약 30
초씩 거품기로 섞습니다.

체 친 가루재료를 넣고 고무주걱으로
자르듯이 섞습니다.

날가루가 약간 남았을 때, 에스프레소
를 넣고 날가루가 보이지 않을 정도만
섞습니다.

머핀틀에 유산지를 깔고 반죽을 90%
정도 채웁니다.

170℃로 예열된 오븐에서 20~22분간
구우면 완성입니다.

TIP

초콜릿이 들어가는 베이킹을 할 때는 살짝 레어느낌으로 구워야 촉촉하게 즐길 수 있습니다.
에스프레소 대신 진하게 우린 인스턴트커피를 넣어도 좋습니다.

연유 우유 머핀

스프링클의 화려함 때문에 파티에 딱 어울리는 머핀이 아닐까싶어요. 연유 우유 머핀은 두 가지로 만들 수 있는데요. 머핀으로 만들려면 머핀틀에 반죽을 넉넉히 채워 동그랗게 부풀어 오르도록 굽고요. 컵케이크로 만들려면 반죽 양을 줄여서 평평하게 굽는 게 좋아요. 그래야 크림을 올려 장식하기 편하거든요.

굽기

오븐을 예열한 뒤 반죽을 넣습니다.

온 도 180℃
시 간 20~25분
분 량 일반 머핀 6개

재료

버터	90g	아몬드가루	20g	• 연유버터크림	
설탕	60g	베이킹파우더	3g	버터	100g
달걀	1개	우유	50g	연유	50g
연유	60g	토핑용 스프링클	적당량	설탕	30g
박력분	150g			바닐라익스트랙	1t

Home Bakery

버터를 볼에 넣고, 가볍게 풉니다.

설탕을 넣고 버터의 색이 옅어질 때까지 휘핑합니다.

연유를 넣고 잘 섞습니다.

실온의 달걀을 2회에 걸쳐 나눠 넣으며 분리되지 않도록 골고루 섞습니다.

체 친 가루재료를 넣고 고무주걱을 이용해 자르듯이 섞습니다.

날가루가 약간 남았을 때, 우유를 넣고 반죽을 매끈하게 섞습니다.

머핀틀에 유산지를 깔고 반죽을 채운 뒤, 스프링클을 적당히 뿌려 장식합니다.

180℃로 예열된 오븐에서 20~25분간 구우면 완성입니다.

실온의 버터에 연유와 설탕, 바닐라 익스트랙을 넣고 휘핑해 연유버터크림을 만듭니다.

잘 구운 머핀 위에 크림을 올리고, 스프링클로 장식하면 더욱 좋습니다.

오레오 머핀

쿠키앤크림이 생각나는 오레오 머핀입니다. 윗면에 토핑으로 올린 오레오 덕분에 바삭함과 촉촉함을 함께
느낄 수 있는데요. 오레오 외에 m&m 초콜릿을 토핑으로 올려 특별한 날 아이들 간식으로 만들어보세요.
아마 인기 만점 머핀이 되지 않을까싶어요.

🖳 굽기

오븐을 예열한 뒤 반죽을 넣습니다.

온 도 180℃
시 간 20~25분
분 량 일반 머핀 6개

🖊 재료

버터	120g	박력분	135g	오레오	5개
설탕	100g	베이킹파우더	3g	토핑용 오레오	3개
달걀	2개	우유	20g		

오레오는 적당한 크기로 다져 준비합
니다.

볼에 버터를 넣고 거품기로 가볍게 풉
니다.

버터에 설탕을 2회에 걸쳐 나눠 넣으
며 색이 옅어질 때까지 휘핑합니다.

실온의 달걀을 2~3회에 걸쳐 나눠 넣
으며 분리되지 않도록 고루 섞습니다.

체 친 가루재료를 넣고 자르듯이 섞다
가 우유를 넣습니다.

어느 정도 섞다가 다진 오레오를 넣고
날가루가 보이지 않도록 매끈하게 섞
습니다.

머핀틀에 유산지를 깔고 반죽을 채운
뒤, 토핑용 오레오를 올려 장식합니다.

180℃로 예열된 오븐에서 20~25분간
구우면 완성입니다.

TIP

좀 더 가벼운 맛을 원한다면, 반죽에 들어가는 오레오의 가운데 샌드 크림을 제거하고 넣거나, 오레오를 머핀틀 바닥에
하나씩 깔고 반죽을 채워 구우면 됩니다.

오렌지 쇼콜라퐁당 머핀

쇼콜라퐁당은 구워서 바로 먹어야 그 진가를 제대로 느낄 수 있는 따뜻한 디저트랍니다. 그래야 한 입 베어 무는 순간, 안에 녹아 있는 초콜릿이 사르르 퍼지거든요. 달콤하면서도 쌉싸름한 초콜릿에 상큼한 오렌지제 스트를 넣었더니 한층 더 고급스러운 맛의 쇼콜라퐁당이 되었어요. 물론 오리지널의 초콜릿을 즐기고 싶다면 오렌지는 과감히 생략해도 좋아요.

재료

다크초콜릿	120g	달걀	2개	오렌지제스트	1개 분량
버터	60g	박력분	25g	바닐라익스트랙	1t
설탕	70g	코코아가루	15g		

01

볼에 초콜릿과 버터를 함께 넣고, 중탕으로 녹입니다.

02

다른 볼에 설탕과 달걀을 넣고 핸드믹서를 이용해 충분히 휘핑합니다.

03

뽀얗게 될 때까지 휘핑한 반죽에 중탕한 초콜릿을 넣고 잘 섞습니다.

04

바닐라익스트랙을 넣습니다.

05

체 친 가루재료를 넣고 고루 섞습니다.

06

오렌지제스트를 넣고 반죽을 매끈하게 섞습니다.

07

머핀틀에 유산지를 깔고 반죽을 채웁니다.

08

170℃로 예열된 오븐에서 10~15분간 구우면 완성입니다.

TIP

오렌지 대신 귤을 넣어도 좋습니다.

오렌지 초코칩 미니머핀

녹인 버터를 이용해 간편하게 만들기 좋은 미니머핀입니다. 시간적 여유가 있다면 반죽을 다 끝낸 뒤에 랩을
씌워 실온에서 1시간 정도 숙성한 뒤 구워보세요. 오렌지의 시트러스향과 초코칩의 어울림이 한층 더 깊어
진답니다.

재료

슈가파우더	100g	우유	25g	버터	90g
오렌지제스트	1개 분량	박력분	100g	초코칩	50g
달걀	90g	베이킹파우더	3g		

Home Bakery

버터는 전자레인지 혹은 중탕으로 녹여 준비합니다.

다른 볼에 슈가파우더와 오렌지제스트를 넣습니다.

실온의 달걀을 넣고 거품기로 잘 섞습니다.

실온의 우유를 넣고 섞습니다.

가루재료를 체 쳐서 넣고 거품기로 크게 원을 그리며 섞습니다.

미리 녹여둔 버터를 넣고 고루 섞은 뒤 초코칩을 넣고 반죽을 마무리합니다.

미니 머핀틀 안쪽에 붓으로 오일 혹은 녹인 버터를 바르고, 반죽을 채웁니다.

180℃로 예열된 오븐에서 12~15분간 구우면 완성입니다.

TIP

식은 머핀 위에 슈가파우더 120g과 오렌지즙 20g을 섞어 만든 아이싱을 뿌려도 좋습니다.

사워크림 딸기 머핀

신선한 딸기과육을 그대로 느낄 수 있는 머핀입니다. 새콤달콤한 딸기가 들어있어 다른 디저트 머핀에 비해 설탕과 버터함량을 살짝 줄였어요. 그래서 아주 담백하게 즐길 수 있답니다. 살짝 출출할 때 간식으로도 좋고요, 밥하기 귀찮은 날에 아침 식사 대용으로도 좋아요.

재료

버터	80g	바닐라익스트랙	1t	사워크림	60g
설탕	80g	박력분	130g	딸기	50g
달걀	2개	베이킹파우더	3g		

딸기는 깨끗이 씻어 꼭지를 떼고 적당
히 잘라 준비합니다.

볼에 실온의 버터를 넣고 가볍게 풉니
다.

어느 정도 풀린 버터에 설탕을 넣고,
색이 옅어질 때까지 휘핑합니다.

실온의 달걀을 2회에 걸쳐 나눠 넣으
며 분리되지 않도록 고루 섞습니다.

바닐라익스트랙과 체 친 가루재료를
넣고 고무주걱을 이용해 자르듯이 섞
다가, 날가루가 약간 남았을 때 사워
크림을 넣고 섞습니다.

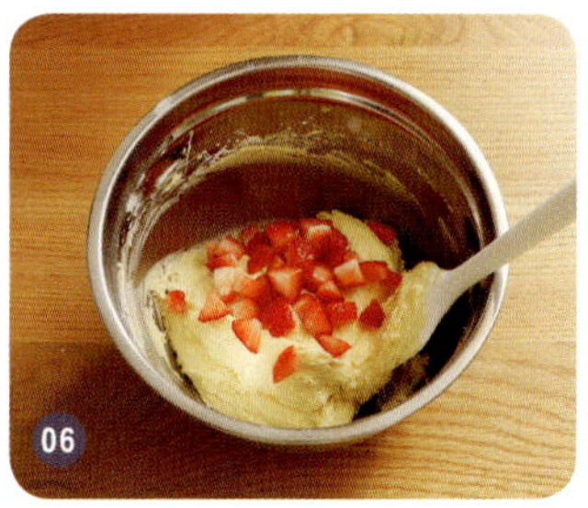

적당히 자른 딸기를 넣고 반죽을 매끈
하게 섞습니다.

머핀틀에 유산지를 깔고 반죽을 채웁
니다. 그 위에 딸기를 올려 장식합니
다.

180℃로 예열된 오븐에서 20~25분간
구우면 완성입니다.

TIP

딸기는 너무 무르지 않은 걸로 넣어야 씹는 맛을 느낄 수 있습니다.
사워크림 대신 플레인 요거트 혹은 생크림을 사용해도 좋습니다.

초코 수플레 치즈 머핀

다크초콜릿의 진한 카카오와 크림치즈의 부드러움을 그대로 느낄 수 있는 초코 수플레 치즈 머핀입니다. 한 입 깨물자마자 입안에서 확 퍼지는 이 맛! 사르르 녹는다는 말은 이럴 때 하는 것이겠죠? 고급스러운 맛에 손님을 초대했을 때 디저트 메뉴로 강추하는 머핀입니다.

재료

생크림	110g	사워크림	40g	박력분	25g
다크초콜릿	80g	달걀	2개	설탕	40g
크림치즈	200g	바닐라익스트랙	5g		

01

생크림과 초콜릿을 볼에 담고, 중탕으로 녹여 준비합니다.

02

다른 볼에 실온의 크림치즈와 사워크림, 달걀노른자를 넣고 휘핑합니다.

03

반죽에 미리 준비한 생크림과 초콜릿을 넣고 함께 섞습니다.

04

바닐라익스트랙과 체 친 가루재료를 넣고 가볍게 섞습니다.

05

다른 볼에 달걀흰자와 설탕을 넣고 휘핑해, 끝이 살짝 구부러질 정도의 머랭을 만듭니다.

06

반죽에 머랭을 3회에 걸쳐 나눠 넣으며 머랭이 꺼지지 않도록 살살 섞습니다.

07

머핀틀에 유산지를 깔고 반죽을 채웁니다. 그리고 오븐팬에 물을 2/3 정도 담고, 머핀틀을 올립니다.

08

160℃로 예열된 오븐에서 중탕으로 25~30분간 구우면 완성입니다.

TIP

사워크림이 없을 경우, 플레인 요거트를 넣어도 좋습니다.

촉촉한 초코칩 머핀

바닐라 머핀과 양대 산맥을 이루는 머핀계의 최고봉! 촉촉한 초코칩 머핀입니다. 초코칩은 오븐의 열기 속에서도 잘 녹지 않기 때문에 씹는 맛을 더할 수 있는데요. 이러한 초코칩이 반죽 안에도 듬뿍, 위에도 듬뿍 들어있어 풍부한 초콜릿을 즐길 수 있답니다. 폭신한 머핀 안에 톡톡 씹히는 초코칩으로 초코초코한 날을 만들어 보세요.

재료

버터	130g	중력분	125g	생크림	20g
설탕	110g	베이킹파우더	3g	초코칩	50g
달걀	2개	베이킹소다	1g	토핑용 초코칩	20g
바닐라익스트랙	1t	코코아가루	10g		

01

볼에 실온의 버터를 넣고 거품기로 가볍게 풉니다.

02

버터에 설탕을 2회에 걸쳐 나눠 넣으며, 색이 옅어질 때까지 휘핑합니다.

03

실온의 달걀을 2~3회에 걸쳐 나눠 넣으며, 분리되지 않도록 고루 섞습니다.

04

바닐라익스트랙을 넣고 섞습니다.

05

체 친 가루재료를 넣고 고무주걱을 이용해 자르듯이 섞습니다.

06

생크림을 넣고 섞다가 초코칩을 넣어 반죽을 매끈하게 섞습니다.

07

머핀틀에 유산지를 깔고 반죽을 채운 뒤, 토핑용 초코칩을 올려 장식합니다.

08

180℃로 예열된 오븐에서 20~25분간 구우면 완성입니다.

TIP

생크림 대신 우유를 넣어도 좋습니다.
반죽이 너무 되직할 때는 생크림을 조금 더 넣어 농도를 맞춥니다.

카스텔라 쌀 머핀

달걀흰자와 노른자를 분리해, 별립법으로 만든 카스텔라 쌀 머핀입니다. 밀가루와 다르게 쌀가루가 들어가
더 촉촉하고 탄력 있는 부드러움이 특징인데요. 머랭만 잘 만들면 초보자분들도 실패 없이 손쉽게 만들 수
있는 레시피입니다.

재료

박력쌀가루	90g	소금	한꼬집	바닐라익스트랙	1t
달걀	4개	우유	25g	버터	35g
설탕	90g	꿀	35g		

달걀은 흰자와 노른자를 분리하고, 꿀과 우유는 섞은 뒤 살짝 데워 찬기를 없애고, 버터는 미리 녹여 준비합니다.

달걀흰자에 설탕을 3회에 걸쳐 나눠 넣으며 휘핑해 단단한 머랭을 만듭니다.

여기에 달걀노른자를 하나씩 넣으며 섞습니다.

미리 섞어 둔 꿀과 우유, 그리고 바닐라익스트랙을 넣고 함께 섞습니다.

체 친 박력쌀가루를 넣고 머랭이 죽지 않도록 살살 섞습니다.

반죽의 일부를 덜어내 녹인 버터와 섞은 뒤, 다시 본 반죽에 넣고 고루 섞습니다.

머핀틀에 유산지를 깔고 반죽을 채운 뒤, 틀째 바닥에 탕탕 두드려 잔거품을 없앱니다.

윗면을 평평하게 정리하고, 170℃로 예열된 오븐에서 20~25분간 구우면 완성입니다.

TIP

공립법으로 만든다면 달걀 전체에 설탕을 넣어서 휘핑하세요.

크림치즈 단호박 머핀

단호박은 고유의 달콤함으로 그냥 쪄먹어도, 샐러드를 해먹어도 너무 맛있죠? 어떻게 먹어도 맛있는 잘 익은 단호박이 그대로 담긴 머핀이에요. 평범한 머핀이라고 생각한다면 그건 오산! 한 입 덥석 물었을 때, 입안에 부드럽게 퍼지는 크림치즈가 반전의 맛을 선사한답니다.

재료

버터	90g	박력분	110g	토핑용 호박씨	20개
설탕	90g	베이킹파우더	3g	크림치즈	150g
달걀	90g	단호박 퓌레	100g	슈가파우더	30g

단호박은 껍질을 벗겨 찐 뒤에 포크로 곱게 으깨 퓌레로 준비하고, 볼에 실온의 버터를 넣어 가볍게 풉니다.

버터에 설탕을 넣고, 색이 옅어질 때까지 휘핑합니다.

실온의 달걀을 2회에 걸쳐 나눠 넣으며 분리되지 않도록 고루 섞습니다.

반죽에 단호박 퓌레를 넣어서 고루 섞습니다.

체 친 가루재료를 넣고, 고무주걱을 이용해 자르듯이 섞습니다.

다른 볼에 실온의 크림치즈와 슈가파우더를 넣고 잘 섞어 충전용 크림을 만듭니다.

머핀틀에 유산지를 깔고 반죽을 1/3 정도 넣습니다. 짤주머니에 충전용 크림을 담고 반죽 위에 짠 뒤, 크림 위를 반죽으로 다시 덮습니다. 위에 호박씨를 올려 장식합니다.

180℃로 예열된 오븐에서 20~25분간 구우면 완성입니다.

TIP

단호박 대신 고구마를 사용해도 좋습니다.

피칸크럼블 사워크림 머핀

커피가 절로 생각나는 피칸크럼블 사워크림 머핀입니다. 사워크림은 생크림을 발효시킨 크림으로 반죽에
넣으면 깊은 풍미와 촉촉한 식감을 한층 더 살려주는데요. 고소한 피칸과 청량한 시나몬, 거기에 부드러운
사워크림까지. 어찌 맛이 없을 수 있을까요?

굽기

오븐을 예열한 뒤 반죽을 넣습니다.

온 도 180℃
시 간 20~25분
분 량 높은 머핀 6개

재료

버터	90g	베이킹파우더	3g	· 크럼블		· 아이싱	
황설탕	50g	박력분	150g	버터	25g	슈가파우더	25g
백설탕	50g	베이킹소다	1g	황설탕	30g	우유	1t
달걀	90g	사워크림	150g	박력분	30g		
				시나몬파우더	1/2t		
				다진 피칸	50g		

크럼블을 만들기 위해, 볼에 실온의 버터와 황설탕을 넣고 잘 섞습니다.

체 친 가루재료와 다진 피칸을 넣은 뒤, 손으로 비벼가며 고루 섞어 크럼블을 준비합니다.

다른 볼에 실온의 버터를 넣고 가볍게 풉니다.

버터에 황설탕과 백설탕을 넣고 휘핑합니다.

실온의 달걀을 2회에 걸쳐 나눠 넣으며 분리되지 않도록 고루 섞습니다.

체 친 가루재료를 넣고, 고무주걱을 이용해 자르듯이 섞다가 날가루가 약간 남았을 때, 사워크림을 넣고 반죽을 매끈하게 섞습니다.

머핀틀에 유산지를 깔고, 반죽을 1/2 정도 채운 뒤 크럼블을 넣고 다시 반죽을 채웁니다. 반죽 위에 다시 크럼블을 올려 장식합니다.

180℃로 예열된 오븐에서 20~25분간 구운 후, 슈가파우더와 우유를 섞은 아이싱을 만들어 뿌리면 완성입니다.

TIP

크럼블을 담백하게 만들고 싶다면 버터 대신 오일을 사용합니다.

호두 캐러멜 머핀

수제 캐러멜시럽을 반죽 안에도, 토핑으로도 듬뿍 뿌려 만든 캐러멜 머핀입니다. 자칫 너무 달 수 있는 캐러멜 머핀에 고소한 호두가 더해져 남녀노소 누구나 좋아하는 맛이 되었어요. 호두 외에도 땅콩이나 아몬드 등 다양한 견과류를 넣어도 좋답니다. 캐러멜시럽을 넉넉하게 만들어 두면 커피나 다른 베이킹에 다채롭게 활용할 수 있어요.

🥄 재료

버터	100g	박력분	110g	• 캐러멜시럽		
설탕	70g	베이킹파우더	3g	설탕	100g	
달걀	2개	베이킹소다	2g	물	1T	
캐러멜시럽	60g	토핑용 캐러멜시럽	적당량	생크림	200ml	
		토핑용 다진 호두	30g			

캐러멜시럽을 만들기 위해, 팬에 설탕과 물을 넣고 중불로 가열합니다.

다른 팬에 생크림을 넣고 팔팔 끓입니다.

설탕과 물이 갈색이 되면 끓인 생크림을 조금씩 넣으며 조립니다.

전체적으로 갈색이 되고 걸쭉한 느낌이 들 때까지 조립니다.

볼에 실온의 버터를 넣고 가볍게 풉니다.

설탕을 넣고 부드럽게 휘핑합니다.

서걱거리는 소리가 나지 않을 정도로 휘핑합니다.

실온의 달걀을 2~3회에 걸쳐 나눠 넣으며 뽀얀 색이 되도록 충분히 휘핑합니다.

가루재료를 체 쳐서 넣고 고무주걱으로 자르듯이 섞습니다.

미리 만들어 놓은 캐러멜시럽을 넣고 매끈해질 때까지 반죽합니다.

머핀틀에 유산지를 깔고 반죽을 채운 후 다진 호두를 올려 장식합니다.

180℃로 예열된 오븐에서 20~25분간 굽습니다. 식은 머핀 위에 캐러멜시럽과 다진 호두를 뿌리면 완성입니다.

Part 2
든든한
식사용 머핀

참깨 두유 에그 머핀

겨울철 대표 길거리 음식인 계란빵을 집에서 즐길 수 있도록 만든 에그 머핀입니다. 반죽에 참깨와 두유를 넣어 만들었기 때문에 아주 고소해요. 갓 구운 에그 머핀을 뜨거울 때 호호 불면서 드셔보세요. 건강은 물론 한 끼 식사로도 손색없는 훌륭한 머핀이랍니다.

재료

달걀	1개	포도씨유	12g	참깨	10g
설탕	30g	박력분	50g	토핑용 달걀	6개
두유	50g	베이킹파우더	2g		

01

볼에 달걀과 설탕을 넣고 거품기로 잘 섞습니다.

02

설탕이 다 녹으면 두유를 넣고 함께 섞습니다.

03

포도씨유를 넣고 반죽이 서로 분리되지 않도록 거품기로 힘차게 섞습니다.

04

잘 섞인 반죽에 가루재료를 체 쳐서 넣습니다.

05

참깨를 넣고 고무주걱으로 매끈하게 반죽을 섞어 마무리합니다.

06

머핀이 달라붙지 않도록 틀에 오일을 바르고, 반죽을 약 1cm 정도 붓습니다.

07

반죽 위로 달걀을 하나씩 깨서 넣습니다.

08

180℃로 예열된 오븐에서 20~25분간 구우면 완성입니다.

TIP

케첩과 잘 어울립니다.
달걀노른자의 퍽퍽함이 싫으신 분은 굽는 시간을 조금 줄이면 촉촉하게 드실 수 있습니다.

부추 메추리알 머핀

부추빵을 떠올리며 만든 부추 머핀입니다. 부추를 한 다발 사온 날, 노릇노릇 부침개를 부쳐 먹고, 남은 부추를 머핀 반죽에 넣어보세요. 향긋한 부추의 향이 더욱 식욕을 자극한답니다. 머핀 안에 들어있는 메추리알이 먹는 재미를 더하고, 고소한 참기름 한 방울로 맛의 풍미를 살린 머핀, 한 번 드셔보시겠어요.

재료

포도씨유	30g	아가베시럽	20g	베이킹파우더	5g
참기름	10g	우유	120g	다진 부추	30g
설탕	30g	박력분	150g	삶은 메추리알	6개

메추리알을 10분 정도 삶아 껍질을 벗겨 준비합니다.

볼에 포도씨유와 참기름, 설탕을 넣습니다.

아가베시럽을 넣고 거품기로 잘 섞습니다.

실온의 우유를 넣고 거품기로 힘차게 섞어 거품을 냅니다.

체 친 가루재료를 한 번에 넣어 거품기로 크게 원을 그리며 섞습니다.

날가루가 약간 남았을 때, 다진 부추를 넣고 반죽을 마무리합니다.

머핀틀에 붓으로 오일을 바르고, 반죽을 1/3가량 채운 뒤 삶은 메추리알을 넣습니다.

다시 반죽을 채워 180℃로 예열된 오븐에서 20~25분간 구우면 완성입니다.

TIP

아가베시럽 대신 메이플시럽이나 꿀, 올리고당을 넣어도 됩니다.
케첩을 곁들이면 더욱 맛있는 머핀이 됩니다.

브로콜리 체더치즈 머핀

지금까지 브로콜리는 초고추장에 찍어 먹는 채소라고만 생각했어요. 채소 소믈리에 공부를 하면서 비로소
브로콜리는 버릴 게 하나 없는 채소라는 걸 알게 되었답니다. 푸릇푸릇한 브로콜리와 노란색의 고소한 체더
치즈의 만남! 예쁜 색감만큼이나 채소를 싫어하는 아이들도 맛있게 먹을 수 있는 머핀이 아닐까 싶어요.

🥄 재료

버터	60g	베이킹파우더	3g	체더치즈	20g
설탕	50g	우유	60g	토핑용 브로콜리	20g
달걀	1개	브로콜리	40g	토핑용 체더치즈	10g
박력분	90g				

브로콜리는 적당한 크기로 잘라 끓는 물에서 1분간 데친 뒤 잘게 다지고, 체더치즈도 다져서 준비합니다.

볼에 실온의 버터와 설탕을 넣고 핸드 믹서로 섞습니다.

실온의 달걀을 2회에 걸쳐 나눠 넣으며 버터와 분리되지 않도록 빠르게 섞습니다.

체 친 가루재료를 넣고 고무주걱으로 자르듯이 섞습니다.

날가루가 보이지 않으면 실온의 우유를 넣고 섞습니다.

다진 브로콜리와 체더치즈를 넣고 반죽을 매끈하게 섞습니다.

머핀틀에 유산지를 깔고 반죽을 채운 뒤, 토핑용 브로콜리와 체더치즈를 올려 장식합니다.

180℃로 예열된 오븐에서 20~25분간 구우면 완성입니다.

TIP

체더치즈를 작은 큐브 모양으로 썰어 머핀 속에 넣어도 좋습니다.

연어 팬케이크 미니머핀

연어는 세계 장수식품 중에 하나로 꼽힐 만큼 영양가가 높은 슈퍼푸드인데요. 이 연어를 간편하면서도 맛있
게 먹을 방법을 찾다가 냉장고 속 자투리 채소를 이용해 만든 팬케이크 머핀입니다. 식사용은 물론, 특별한
날 차가운 화이트 와인과 함께할 핑거푸드로도 손색이 없어요.

재료

달걀	1개	박력분	80g	연어통조림	50g
우유	40g	베이킹파우더	2g	파마산치즈가루	5g
생크림	30g	양파	15g	토핑용 연어	10g
올리브유	25g	당근	15g	토핑용 허브	약간
소금	1g				

01

연어는 키친타월 위에 올려 기름기를 제거하고, 양파와 당근은 곱게 다져 준비합니다.

02

볼에 달걀과 우유, 생크림, 소금, 올리브유를 넣고 거품기로 힘차게 섞습니다.

03

체 친 가루재료를 넣고 거품기로 크게 원을 그리며 섞습니다.

04

반죽에 연어와 양파, 당근, 파마산치즈가루를 넣고 고무주걱으로 잘 섞습니다.

05

미니 머핀틀에 붓으로 오일을 바릅니다.

06

틀에 반죽을 채웁니다.

07

반죽 위에 토핑용 연어와 허브를 올려 장식합니다.

08

170℃로 예열된 오븐에서 15~20분간 구우면 완성입니다.

TIP

연어통조림 대신 참치통조림을 넣어도 좋습니다.

팝오버 머핀

팝오버는 구울 때 속이 부풀어서 공갈빵처럼 속이 빈 가벼운 머핀이에요. 빵처럼 오랜 시간 발효하지 않고
바로 반죽해 구울 수 있기 때문에 아침식사 메뉴로도 너무 좋지요. 달걀프라이와 구운 베이컨, 여기에 팝오
버 머핀을 곁들이면 집에서도 카페 못지않은 근사한 브런치를 즐길 수 있답니다.

재료

우유	250g	설탕	30g	버터	20g
달걀	2개	소금	2g	중력분	150g

볼에 달걀을 넣고 거품기로 잘 풉니다.

잘 풀린 달걀에 설탕과 소금을 넣고
거품기로 잘 섞습니다.

실온의 우유와 녹인 버터를 넣고 섞습
니다.

곱게 체 친 중력분을 넣고 거품기로
크게 원을 그리며 섞습니다.

날가루가 보이지 않을 때까지 매끈하
게 섞습니다.

머핀틀 안쪽에 녹인 버터 혹은 오일을
붓으로 고르게 펴 바릅니다.

머핀틀에 반죽을 채웁니다.

200℃로 예열된 오븐에서 25~30분
간 구우면 완성입니다.

TIP

굽는 도중에 오븐을 열면 반죽이 주저앉을 수 있기 때문에, 반죽이 다 구워질 때까지 침착하게 기다립니다.
기호에 따라 치즈를 넣어도 좋습니다.

프렌치토스트 머핀

촉촉하면서도 달콤한 프렌치토스트 머핀입니다. 특히 이 머핀은 딱딱해진 빵을 부드럽게 먹을 수 있는 방법
인데요. 딱딱하게 굳어 먹기 애매한 식빵이 우유를 만나 근사한 머핀으로 재탄생했습니다. 달콤한 프렌치토
스트 머핀에 소시지나 과일을 곁들이면 한 끼 식사로도 손색이 없을 정도로 든든하답니다.

재료

식빵	3장	소금	한꼬집	건포도	10g
달걀	2개	우유	150g	아몬드슬라이스	10g
설탕	15g	버터	20g	슈가파우더	10g

Home Bakery

식빵을 큐브모양으로 잘게 썰어 준비
합니다.

볼에 달걀과 설탕, 소금을 넣고 거품기
로 잘 섞습니다.

달걀이 어느 정도 풀어졌으면 우유를
넣고 거품기로 잘 섞습니다.

버터를 전자레인지에 넣고 돌려 녹입
니다.

머핀틀에 녹인 버터를 넣고 골고루 바
릅니다.

미리 썰어둔 식빵을 머핀틀에 꾹꾹 눌
러 담습니다.

식빵 위에 달걀과 우유를 섞은 반죽을
붓고 토핑용 건포도와 아몬드슬라이스
를 올려 장식합니다.

180℃로 예열된 오븐에서 20~25분간
구운 뒤, 슈가파우더를 살짝 뿌리면 완
성입니다.

TIP

식빵 대신 바게트를 사용해도 좋습니다.
반죽에 건과일과 견과류를 다양하게 넣어 응용할 수 있습니다.

조청 그래놀라 머핀

오트밀과 각종 견과류, 건과일을 이용해 만든 그래놀라 머핀입니다. 적은 양으로도 포만감을 주는 오트밀과 영양가가 높은 견과류·건과일이 가득해 식사대용이나 아이들의 영양 간식은 물론, 조청을 넣어 칼로리를 낮췄기 때문에 다이어트 메뉴로도 너무 좋아요. 잘 구운 그래놀라 머핀을 살짝 다져 요거트와 함께 드시면 올 여름 다이어트도 걱정 없답니다.

🥄 재료

오트밀	150g	아몬드슬라이스	30g	코코넛롱	20g
호두	30g	건크렌베리	20g	조청	100g
피칸	20g	건블루베리	10g	물	50g
호박씨	20g	건포도	20g	버터	15g

Home Bakery

호두와 피칸은 잘게 다지고 나머지 견
과류와 건과일을 준비합니다.

팬에 조청과 물을 넣고 끓여 걸쭉한 상
태의 시럽을 만듭니다.

시럽이 걸쭉한 상태가 되면 버터를 넣
어 시럽을 완성합니다.

볼에 오트밀, 견과류, 건과일, 코코넛
롱과 시럽을 넣고 골고루 섞습니다.

한 덩어리가 될 때까지 고무주걱으로
잘 섞습니다.

미니 머핀틀에 녹인 버터 혹은 오일을
바릅니다.

틀에 반죽을 꾹꾹 눌러 담습니다.

180℃로 예열된 오븐에서 15~20분간
구우면 완성입니다.

TIP

조청이 없다면 물엿이나 올리고당, 꿀을 사용합니다.

시금치 프리타타 머핀

이탈리아식 오믈렛인 프리타타를 오븐을 이용해 간편하게 만들 수 있습니다. 저는 시금치와 냉동감자를 이용해 머핀으로 만들었는데요. 각자 취향에 맞춰 소시지, 토마토 등 다양한 재료를 넣어 더욱 풍성한 프리타타 머핀을 만들어보세요.

🥄 재료

시금치	80g	설탕	15g	우유	50g
냉동감자튀김(小)	18개	소금	1g	파마산치즈가루	10g
달걀	5개	생크림	50g	후추	약간

시금치는 끓는 물에 30초 정도 데친 뒤 물기를 꼭 짜고 다져서 준비합니다.

볼에 달걀과 설탕, 소금을 넣고 거품기로 잘 섞습니다.

잘 섞인 달걀에 생크림과 우유, 파마산 치즈가루, 후추를 넣어 섞습니다.

멍울이 생기지 않도록 잘 섞습니다.

머핀틀에 붓으로 오일을 골고루 바릅니다.

머핀틀에 작은 크기의 냉동감자튀김을 넣습니다.

냉동감자튀김 위에 데친 시금치를 올리고 달걀반죽을 붓습니다.

180℃로 예열된 오븐에서 20~25분간 구우면 완성입니다.

TIP

냉동감자튀김을 해동 후 으깨서 머핀틀에 깔아도 좋습니다.

콘도그 머핀

우리나라에서는 '핫도그', 일본에서는 '아메리칸도그'로 불리는 콘도그입니다. 콘도그는 반죽에 옥수수가루
가 들어가는 게 특징인데요. 옥수수 특유의 고소함과 달콤함이 아주 매력적이랍니다. 여기에 아이들이 좋아
하는 비엔나소시지를 하나씩 꽂았더니 모양도 귀엽고, 맛도 좋은 미니머핀이 탄생했어요.

재료

달걀	1개	우유	110g	옥수수가루	30g
설탕	30g	레몬즙	10g	베이킹파우더	3g
포도씨유	25g	박력분	80g	토핑용 비엔나소시지	8개

Home Bakery

우유에 레몬즙을 넣고 그대로 10분 정도 두어 몽글몽글한 버터밀크를 만듭니다.

볼에 달걀과 설탕을 넣고 거품기로 잘 섞습니다.

포도씨유를 넣고 섞습니다.

미리 만들어 둔 버터밀크를 넣고 분리되지 않도록 힘차게 섞습니다.

가루재료를 체 쳐서 넣고 거품기로 크게 원을 그리며 날가루가 보이지 않도록 섞습니다.

머핀틀에 붓으로 오일을 골고루 바릅니다.

틀에 반죽을 채우고 비엔나소시지를 반으로 잘라 반죽 중앙에 하나씩 꽂습니다.

180℃로 예열된 오븐에서 약 15분간 구우면 완성입니다.

TIP

소시지는 생략해도 좋습니다.

들깨 연근 머핀

연근은 물속에서 나는 불로초라 불릴 정도로 약성이 매우 뛰어난 뿌리채소입니다. 특히 익힌 연근은 따뜻한 성질로 심장을 보호하고, 혈액순환을 원활히 하는데 도움이 됩니다. 사찰음식에 연근 요리가 많은 것도 바로 이러한 효능으로 마음을 진정시켜주기 때문인데요. 평소 주의가 산만하거나 집중력이 떨어지는 아이들에게 고소하고 담백한 연근 머핀을 간식으로 만들어 주는 건 어떨까요?

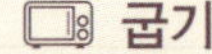

굽기

오븐을 예열한 뒤 반죽을 넣습니다.

온 도 180℃
시 간 20~25분
분 량 일반 머핀 6개

재료

포도씨유	40g	박력분	110g	연근	100g
설탕	30g	통밀가루	50g	토핑용 연근	20g
소금	1g	베이킹파우더	6g	식초	약간
우유	150g	들깨가루	7g		

01

토핑용 연근을 얇게 슬라이스한 뒤, 식초 한 방울을 넣은 물에 담가둡니다.

02

반죽에 들어갈 연근은 곱게 다지거나, 강판에 갈아 준비합니다.

03

볼에 포도씨유와 설탕, 소금을 넣고 거품기로 잘 섞습니다.

04

우유를 넣고 힘차게 섞습니다.

05

가루재료를 체 쳐서 넣고, 거품기로 크게 원을 그리며 섞습니다.

06

날가루가 약간 남았을 때, 미리 갈아 놓은 연근과 들깨가루를 넣고 고무주걱으로 매끈하게 섞습니다.

07

머핀틀에 유산지를 깔고, 반죽을 채운 뒤 슬라이스한 토핑용 연근을 올립니다.

08

180℃로 예열된 오븐에서 20~25분간 구우면 완성입니다.

TIP

반죽에 들어간 연근의 절반은 마를 갈아 대체해도 좋습니다.

사워크림 감자 머핀

웨지감자에 사워크림을 찍어먹던 것을 연상하며 만든 머핀이에요. 사워크림 특유의 풍미와 감자의 푸근하고 촉촉한 식감이 매력적인데요. 반죽 안에 다진 베이컨이나 소시지를 넣어도 좋고, 에담치즈나 체더치즈를 넣어도 아주 잘 어울린답니다. 감자가 제철인 여름철에 사워크림 감자 머핀으로 색다른 감자요리를 즐겨보세요.

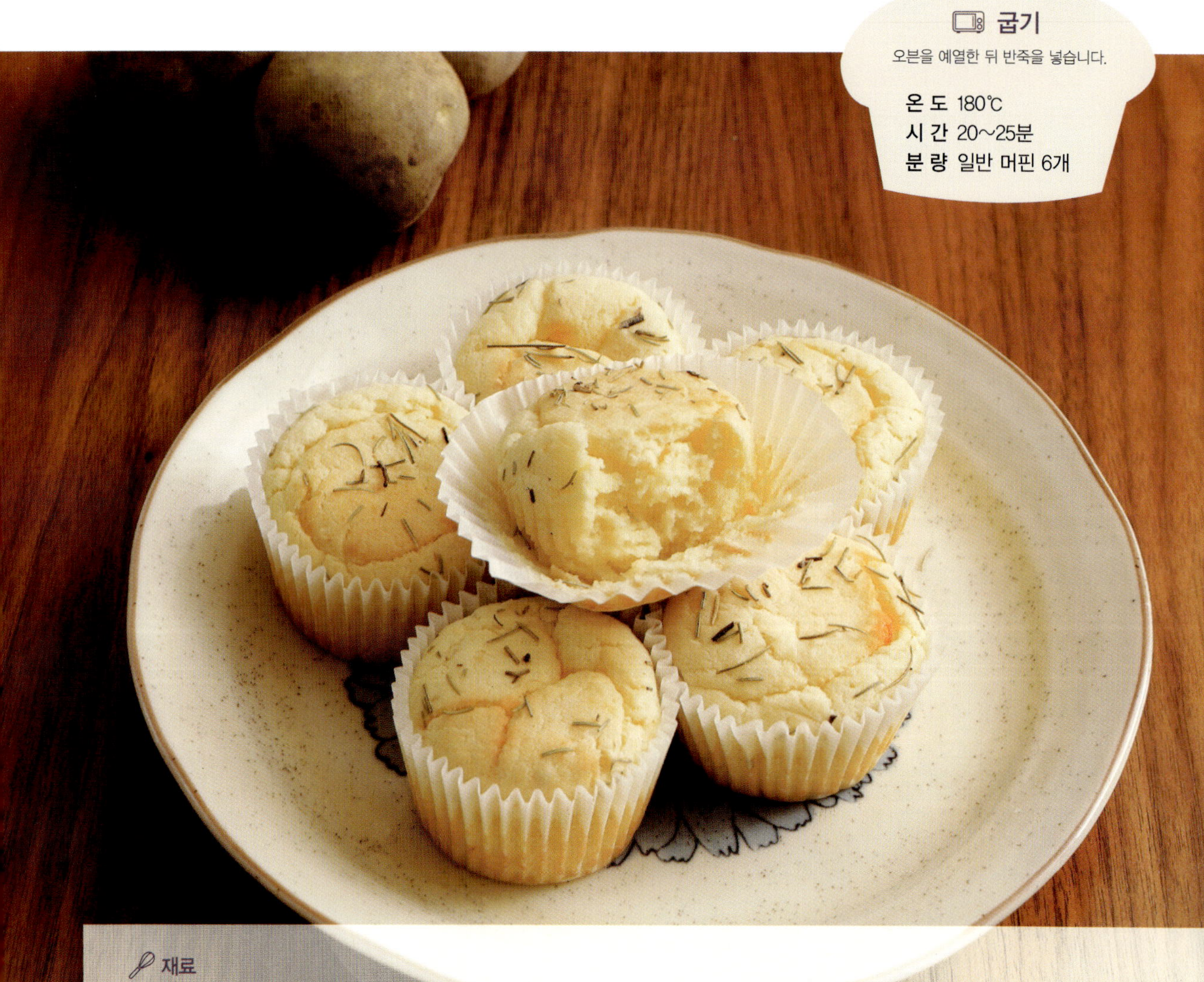

🥄 재료

버터	75g	박력분	110g	사워크림	50g
설탕	40g	베이킹파우더	1g	우유	30g
달걀	1개	소금	1g	로즈마리허브	약간
감자	150g				

감자를 찌거나 삶은 뒤에, 뜨거울 때 포크로 으깨 준비합니다.

볼에 실온의 버터와 설탕을 넣어 핸드 믹서로 섞습니다.

실온의 달걀을 2회에 걸쳐 나눠 넣으며 약 30초씩 휘핑해 크림화합니다.

으깨놓은 감자를 넣고 고무주걱으로 가볍게 섞습니다.

체 친 가루재료와 소금을 넣고 고무주걱으로 자르듯이 섞습니다.

실온의 사워크림과 우유를 넣고 반죽이 매끈해질 때까지 섞습니다.

머핀틀에 유산지를 깔고 반죽을 채운 뒤, 로즈마리를 윗면에 뿌려 장식합니다.

180℃로 예열된 오븐에서 20~25분간 구우면 완성입니다.

TIP

감자에 함유된 수분에 따라 반죽의 질기가 조금씩 달라집니다. 반죽을 할 때, 우유를 한 번에 넣지 말고 조금씩 섞어가며 질기를 조절하세요.

콘마요 머핀

고소한 마요네즈와 톡톡 터지는 옥수수가 매력적인 콘마요 머핀은 빵처럼 촉촉하고 부드러운 맛이 특징입니다. 특히 갓 구운 따끈한 머핀은 마음마저 푸근하게 만들어 주는데요. 만약 다이어트 중이라면 마요네즈는 과감히 생략하고, 옥수수만 넣어 만들어도 충분히 그 푸근한 매력을 느낄 수 있어요.

재료

포도씨유	40g	박력분	80g	마요네즈	15g
설탕	30g	옥수수가루	40g	토핑용 옥수수	15g
소금	1g	베이킹파우더	5g	토핑용 마요네즈	5g
달걀	2개	옥수수통조림	60g	파슬리	약간
우유	50g				

옥수수는 물기를 빼고 마요네즈와 함께 섞어 준비합니다.

볼에 포도씨유와 설탕, 소금을 넣고 섞다가 실온의 달걀을 넣고 거품기로 힘차게 섞습니다.

우유를 넣고 함께 섞습니다.

체 친 가루재료를 넣어 고루 섞습니다.

날가루가 약간 남았을 때, 옥수수와 마요네즈 섞은 것을 넣고 반죽을 마무리합니다.

머핀틀에 오일을 바르고, 반죽을 채웁니다.

토핑용 마요네즈옥수수와 파슬리가루를 약간 올려 장식합니다.

170℃로 예열된 오븐에서 20~25분간 구우면 완성입니다.

TIP

옥수수를 갈아서 넣어도 좋습니다.

허브 비어 머핀

맥주의 홉향에 허브가 더해져 향기로우면서도 간편하게 만들기 좋은 퀵 머핀입니다. 갓 구워 따뜻한 머핀에
버터를 곁들여 드셔보세요. 맥주의 쌉싸름함과 버터의 고소함이 어우러져 또 다른 맛을 느낄 수 있답니다.
쌉싸름함이 싫다면 차가운 버터 위로 꿀이나 메이플시럽을 뿌려도 아주 좋아요.

재료

맥주	200g	중력분	200g	버터	30g
설탕	30g	통밀가루	40g	허브믹스	1g
소금	1g	베이킹파우더	6g	토핑용 허브	약간

01

냉장고에 있던 맥주는 실온에 미리 꺼내 찬기가 없도록 준비합니다.

02

찬기가 빠진 맥주에 설탕과 소금을 넣어 거품기로 섞습니다.

03

모든 가루재료를 곱게 체 쳐서 넣습니다.

04

허브믹스를 넣고 골고루 섞어 반죽합니다.

05

녹인 버터를 넣고 고루 섞습니다.

06

머핀틀에 유산지를 깔고, 반죽을 채웁니다.

07

토핑용 허브를 솔솔 뿌려 장식합니다.

08

180℃로 예열된 오븐에서 20~25분간 구우면 완성입니다.

TIP

반죽에 허브와 함께 치즈를 넣어도 좋습니다.

올리브 햄 머핀

'갸또 오 올리브'라는 프랑스 가정식 메뉴를 응용해 만든 머핀입니다. 짭조름한 올리브와 햄, 여기에 치즈가 들어가 와인이 절로 생각나는 맛인데요. 아침에 커피와 함께 식사대용으로도 좋고, 여름철 차가운 모스카토 와인과 곁들여 먹는 핑거푸드로도 추천하고 싶은 메뉴입니다.

🥄 재료

달걀	2개	중력분	100g	햄	50g
설탕	15g	베이킹파우더	4g	파마산치즈	25g
우유	60g	그린올리브	20g	파슬리가루	약간
올리브유	50g	블랙올리브	20g		

올리브와 햄을 잘게 다져 준비합니다.

볼에 달걀과 우유, 설탕을 넣고 거품기로 잘 풉니다.

올리브유를 천천히 넣으며 분리되지 않도록 힘차게 섞습니다.

체 친 가루재료를 넣고 거품기로 크게 원을 그리며 섞습니다.

미리 잘라놓은 올리브와 햄을 넣습니다.

치즈를 갈아서 넣고, 날가루가 보이지 않도록 고무주걱으로 잘 섞습니다.

머핀틀에 유산지를 깔고 반죽을 채운 뒤, 윗면에 파슬리가루를 살짝 뿌려 장식합니다.

180℃로 예열된 오븐에서 20~25분간 구우면 완성입니다.

TIP

오레가노, 타임, 로즈마리, 파슬리 등의 허브를 섞어서 반죽에 넣어도 맛있어요.

후리카케 밥 머핀

겉은 누룽지처럼 바삭하고, 속은 촉촉하면서도 밥알의 쫀득함이 느껴지는 구수한 별미 머핀입니다. 왠지 이
머핀은 밥공기에 담아 먹어야 할 것만 같은데요. 갓 구워져 김이 모락모락 날 때 드셔보세요. 밥인 것 같기
도, 빵인 것 같기도 한 후리카케 밥 머핀이 든든한 한 끼를 책임집니다.

<table>
<tr><td>🔲🔳 굽기</td></tr>
<tr><td>오븐을 예열한 뒤 반죽을 넣습니다.</td></tr>
<tr><td>온 도 170℃</td></tr>
<tr><td>시 간 20~25분</td></tr>
<tr><td>분 량 일반 머핀 6개</td></tr>
</table>

✏️ 재료

포도씨유	50g	참기름	5g	베이킹파우더	6g
설탕	30g	물	30g	밥	100g
우유	120g	박력분	100g	후리카케	10g
식초	10g	통밀가루	50g	토핑용 후리카케	5g
간장	3g				

우유와 식초를 섞고 10분 정도 두어
버터밀크를 만듭니다.

볼에 포도씨유와 설탕을 넣고 거품기
로 설탕이 녹을 때까지 섞습니다.

미리 만들어 둔 버터밀크를 넣고 섞습
니다.

간장, 참기름, 물을 넣고 분리되지 않
도록 잘 섞습니다.

체 친 가루재료를 넣고 거품기로 크게
원을 그리며 섞습니다.

날가루가 약간 남았을 때, 밥과 후리
카케를 넣고 섞습니다.

머핀틀에 유산지를 깔고 잘 섞은 반죽
을 채웁니다.

반죽 윗면에 토핑용 후리카케를 올려
장식하고 170℃로 예열된 오븐에서
20~25분간 구우면 완성입니다.

> **TIP**
>
> 반죽에 잔멸치 볶음 등을 넣어도 좋습니다.

Part 3
건강한
노버터 머핀

시나몬 당근 머핀

당근이 듬뿍 들어가 맛과 건강은 물론 촉촉하고 부드러운 식감이 일품인 머핀이에요. 크림 없이 머핀만 드셔도 좋지만 가능하면 크림을 곁들여 컵케이크 느낌으로 만들어 보세요. 특별한 날, 큰 틀에 구워 아이들을 위한 생일 케이크로 만들기에도 너무 좋은 메뉴랍니다.

 **재료**

당근	1개(약 150g)	박력분	110g	• 토핑크림			
달걀	2개	베이킹파우더	4g	크림치즈	60g
설탕	100g	베이킹소다	1g	마스카포네치즈	20g
소금	1g	시나몬가루	1/2t	생크림	100g
포도씨유	80g			설탕	10g

당근은 껍질을 벗겨, 반은 강판에 갈고 반을 가늘게 채 썰어 준비합니다.

볼에 달걀과 설탕, 소금을 넣고 거품기로 잘 섞습니다.

포도씨유를 천천히 붓고 분리되지 않도록 거품기로 빠르게 섞습니다.

모든 가루재료를 체 쳐서 넣고 원을 그리며 섞다가 미리 준비한 당근을 넣고 매끈하게 섞습니다.

머핀틀에 유산지를 깔고 반죽을 채워 180℃로 예열된 오븐에서 20분 정도 구워 식힙니다.

볼에 차가운 생크림과 설탕을 넣고 단단한 휘핑크림을 만듭니다.

휘핑크림에 실온의 크림치즈와 마스카포네치즈를 넣고 섞어 토핑크림을 완성합니다.

별깍지를 끼운 짤주머니에 토핑크림을 담고, 식은 머핀 위에 짜면 완성입니다.

TIP

반죽에 다진 호두를 넣으면 식감이 살아납니다.
마스카포네치즈가 없을 경우, 해당 분량만큼 크림치즈를 추가하면 됩니다.

바나나 스펀지머핀

바나나를 많이 사온 날. 검게 변해가는 바나나를 구할 때 만들기 좋은 머핀입니다. 달걀흰자로 머랭을 만들어 사용했는데요. 카스텔라와 비슷한 듯 전혀 다른 느낌의 스펀지머핀으로, 폭신한 식감은 물론 바나나의 달콤함이 입 안 가득히 퍼져 더욱 기분 좋아지는 맛이에요. 방과 후 집으로 돌아온 아이들에게 우유와 함께 간식으로 꼭 준비해주고 싶은 메뉴랍니다.

🥄 재료

달걀	2개	우유	30g	베이킹파우더	1g
설탕	80g	바나나	100g	바닐라익스트랙(생략 가능)	1t
포도씨유	40g	박력분	120g	토핑용 아몬드슬라이스	20g

달걀은 흰자와 노른자로 분리하고, 바나나는 포크로 으깨어 준비합니다.

볼에 달걀흰자를 넣고 설탕을 3회에 걸쳐 나눠 넣으며 휘핑해. 뿔이 약간 서는 느낌의 머랭을 만듭니다.

머랭에 노른자를 넣고 거품기로 잘 섞습니다.

포도씨유, 우유, 바닐라익스트랙 순으로 넣고 거품기로 잘 섞습니다.

가루재료를 체 쳐서 넣고, 머랭이 꺼지지 않도록 천천히 고루 섞습니다.

반죽에 으깨놓은 바나나를 넣고 잘 섞습니다.

머핀틀에 유산지를 깔고 반죽을 채운 뒤, 토핑용 아몬드슬라이스를 올려 장식합니다.

170℃로 예열된 오븐에서 20~25분간 구우면 완성입니다.

TIP

머핀틀에 담을 때 반죽 중앙에 캐러멜시럽을 넣어도 맛이 좋습니다.

생크림 딸기잼 머핀

버터와 오일이 들어가지 않은, 오롯이 생크림 본연의 풍미를 살린 머핀입니다. 촉촉하고 부드러운 머핀을
한 입 깨물면 그 사이에 달콤한 딸기잼이 가득 느껴진답니다. 딸기잼 이외에 다른 잼을 넣어도 좋고, 아이들
이 좋아하는 누텔라나 피넛버터를 채워도 아주 좋아요.

굽기

오븐을 예열한 뒤 반죽을 넣습니다.

온 도 170℃
시 간 22~25분
분 량 일반 머핀 6개

재료

생크림	100g	달걀	1개	베이킹파우더	3g
슈가파우더	70g	박력분	120g	딸기잼	60g

01

볼에 차가운 생크림과 슈가파우더를 넣습니다.

02

핸드믹서 혹은 거품기를 이용해 단단하게 휘핑합니다.

03

실온의 달걀을 넣고 잘 섞이도록 휘핑합니다.

04

체 친 가루재료를 넣고 고무주걱을 이용해 반죽을 자르듯이 섞습니다.

05

반죽이 완성되면 짤주머니에 담아 유산지를 깐 머핀틀에 1/3 정도 채웁니다.

06

반죽 가운데에 딸기잼을 조금씩 짜서 올립니다.

07

잼 위로 나머지 반죽을 덮듯이 올려 채웁니다.

08

170℃로 예열된 오븐에서 22~25분간 구우면 완성입니다.

TIP

다양한 잼을 이용하면 여러 가지 맛의 머핀을 만들 수 있습니다.

소시지 애플 머핀

사과의 달콤함과 소시지의 고소함을 함께 느낄 수 있는 머핀입니다. 기호에 따라 깔끔한 맛을 원한다면 시나
몬파우더를 약간 넣어 청량감을 주어도 좋고, 달콤함을 원한다면 사과에 설탕을 넣고 조려 반죽에 넣어도 좋
아요. 여기에 흰 우유까지 곁들이면 아주 금상첨화랍니다.

재료

달걀	2개	박력분	110g	사과	150g
설탕	70g	베이킹파우더	4g	비엔나소시지	6개
포도씨유	70g				

소시지는 윗면에 칼집을 넣어 준비합
니다. 살짝 데쳐도 좋습니다.

사과는 껍질을 벗기고 잘게 썰어 준비
합니다.

볼에 달걀과 설탕을 넣고 잘 섞습니다.

반죽에 포도씨유를 천천히 부어가며
분리되지 않도록 잘 섞습니다.

가루재료를 체 쳐서 넣고 거품기로 크
게 원을 그리며 섞습니다.

날가루가 약간 남았을 때, 잘게 썬 사
과를 넣고 매끈하게 반죽을 섞습니다.

머핀틀에 유산지를 깔고 반죽을 채운
뒤, 준비한 소시지를 하나씩 올려 장
식합니다.

170℃로 예열된 오븐에서 22~25분간
구우면 완성입니다.

TIP
소시지를 잘게 썰어 넣어도 좋습니다.

버터밀크 애호박 머핀

즐겨먹는 애호박 부침개가 머핀으로 재탄생했습니다. 우유에 식초를 넣으면 잠시 뒤 순두부처럼 몽글몽글
한 버터밀크가 완성되는데요. 이 버터밀크를 반죽에 넣으면 한결 촉촉하고 깊은 풍미를 느낄 수 있답니다.
영양만점 애호박과 버터밀크의 조화, 야채를 싫어하는 아이들도 맛있게 즐길 수 있을 거예요.

굽기

오븐을 예열한 뒤 반죽을 넣습니다.

온 도 170℃
시 간 약 25분
분 량 일반 머핀 6개

재료

달걀	1개	포도씨유	50g	통밀가루	150g
설탕	30g	우유	150g	베이킹파우더	6g
소금	1g	식초	10g	애호박	100g

우유에 식초를 넣고 순두부처럼 몽글 몽글해지도록 10분 정도 두어 버터밀 크를 만듭니다.

애호박의 반은 강판에 갈고, 반은 곱 게 채 썰어 준비합니다.

볼에 달걀과 설탕, 소금을 넣고 설탕이 어느 정도 녹도록 거품기로 섞습니다.

포도씨유를 넣고 기름이 분리되지 않 도록 힘차게 섞습니다.

미리 만들어둔 버터밀크를 넣고 고루 섞습니다.

체 친 가루재료를 넣고 섞다가, 애호 박을 넣고 매끈하게 섞어 반죽을 마무 리합니다.

머핀틀에 유산지를 깔고 반죽을 채웁 니다.

170℃로 예열된 오븐에서 약 25분간 구우면 완성입니다.

TIP

주키니 호박으로 만들어도 좋습니다.

양파 참치 머핀

담백한 참치와 달콤한 양파가 들어간 촉촉하고 부드러운 건강 머핀입니다. 참치와 양파는 어떻게 먹어도 참 잘 어울리는 조합인데요. 버터를 전혀 넣지 않고, 설탕 대신 양파의 달콤함을 끌어올려 만든 만큼 건강함이 느껴져요. 담백함이 싫으시다면 다진 청양고추나 할라피뇨를 조금 넣어보세요. 매콤한 머핀을 즐길 수 있답니다.

<table>
<tr><td>🔲 굽기</td></tr>
<tr><td>오븐을 예열한 뒤 반죽을 넣습니다.</td></tr>
<tr><td>온 도 170℃</td></tr>
<tr><td>시 간 22~25분</td></tr>
<tr><td>분 량 일반 머핀 7~8개</td></tr>
</table>

🥄 재료

달걀	2개	박력분	100g	양파	60g
우유	90g	베이킹파우더	4g	체더치즈	30g
소금	한꼬집	참치통조림	80g	파슬리가루	약간
포도씨유	70g				

참치통조림은 키친타월 위에 올려 기름기를 제거하고, 양파는 잘게 다진 뒤 살짝 볶아 준비합니다.

볼에 달걀과 우유, 소금을 넣고 거품기로 잘 섞습니다.

포도씨유를 넣고 기름이 분리되지 않도록 힘차게 섞습니다.

체 친 가루재료를 넣고 거품기를 이용해 크게 원을 그리며 섞습니다.

날가루가 약간 남았을 때, 미리 준비한 참치와 양파, 체더치즈를 넣습니다.

고무주걱을 이용해 반죽을 매끈하게 섞습니다.

머핀틀에 기름을 바른 뒤 반죽을 채우고, 파슬리가루를 약간 뿌려 장식합니다.

170℃로 예열된 오븐에서 22~25분간 구우면 완성입니다.

TIP
연어통조림으로 만들어도 좋습니다.

캐슈넛 두부 머핀

캐슈넛은 다른 견과류에 비해 크리미한 맛이 강한데요. 그래서 채식마요네즈를 만들 때 캐슈넛을 많이 사용하기도 해요. 고소한 두부와 캐슈넛의 건강한 만남! 담백한 빵을 좋아하신다면 무조건 강추하는 머핀입니다.

재료

달걀	2개	캐슈넛	30g	박력분	130g
두부	100g	우유	60g	베이킹파우더	5g
올리브유	50g	설탕	60g	토핑용 캐슈넛	약간

믹서기에 두부, 올리브유, 캐슈넛, 우유를 넣고 곱게 갈아 준비합니다.

볼에 달걀과 설탕을 넣고 거품기로 잘 섞습니다.

설탕이 다 녹으면 미리 갈아 둔 재료를 넣고 잘 섞습니다.

가루재료를 체 쳐서 넣습니다.

거품기를 이용해 크게 원을 그리며 잘 섞습니다.

날가루가 보이지 않으면 고무주걱을 이용해 매끈하게 섞어 반죽을 마무리합니다.

머핀틀에 유산지를 깔고 반죽을 채운 뒤, 토핑용 캐슈넛을 올려 장식합니다.

170℃로 예열된 오븐에서 22~25분간 구우면 완성입니다.

사용하는 두부에 따라 반죽의 질기가 조금씩 달라집니다. 반죽을 할 때, 우유를 한 번에 넣지 말고 조금씩 섞어가며 질기를 조절하세요.
우유 대신 두유를 넣으면 더욱 고소한 머핀을 만들 수 있습니다.

코코넛 연두부 머핀

머핀에 연두부. 조금 생소한 조합이죠? 하지만 부드러움의 대명사 연두부가 머핀 반죽에 들어가 전혀 예상하지 못할 만큼 촉촉한 머핀으로 재탄생했어요. 토핑으로 코코넛롱을 올려서 씹는 재미를 더하기도 했고요. 코코넛롱 대신 아몬드슬라이스를 올리면 고소함까지 더할 수 있답니다.

재료

연두부	80g	두유	30g	아몬드가루	60g
포도씨유	50g	바닐라익스트랙	1t	베이킹파우더	6g
설탕	60g	통밀가루	60g	토핑용 코코넛롱	20g
메이플시럽	15g				

볼에 연두부와 포도씨유를 넣고 거품기를 이용해 곱게 섞습니다.

설탕, 메이플시럽, 두유를 넣고 거품기로 섞습니다.

바닐라익스트랙을 넣고 잘 섞습니다.

가루재료를 곱게 체 쳐서 넣습니다.

거품기를 이용해 크게 원을 그리며 잘 섞습니다.

고무주걱으로 반죽을 매끈하게 섞어 마무리합니다.

머핀틀에 유산지를 깔거나 오일을 바르고 반죽을 채운 뒤, 코코넛롱을 뿌려 장식합니다.

170℃로 예열된 오븐에서 18~22분간 구우면 완성입니다.

TIP

사용하는 연두부에 따라 반죽의 질기가 조금씩 달라집니다. 반죽을 할 때, 두유를 한 번에 넣지 말고 조금씩 섞어가며 질기를 조절하세요.

코코넛 파인애플 머핀

코코넛밀크와 코코넛오일로 만든 코코넛 파인애플 머핀입니다. 특히 코코넛오일은 일반오일과 달리 중사슬 포화지방산으로 이루어져있는데요. 때문에 지방이 축적되지 않고 바로 에너지원으로 사용돼 다이어트에도 매우 효과적입니다. 뭐든 맛있게 먹으면 0kcal라고 하지만 다이어트 때문에 머핀 먹는 게 두렵다면 코코넛오일을 사용한 건강머핀을 만드는 건 어떨까요?

굽기

오븐을 예열한 뒤 반죽을 넣습니다.

온 도 170℃
시 간 20~25분
분 량 일반 머핀 6개

재료

달걀	1개(60g)	코코넛오일	50g	파인애플	50g
설탕	70g	박력분	110g	코코넛롱	20g
코코넛밀크	40g	베이킹파우더	4g		

볼에 실온의 달걀과 설탕, 코코넛오일을 넣고 거품기로 잘 섞습니다.

코코넛밀크를 넣고 섞습니다.

서로 분리되지 않도록 힘차게 섞습니다.

체 친 가루재료를 넣고 거품기로 크게 원을 그리며 섞습니다.

날가루가 약간 남았을 때, 파인애플을 잘라 넣고 고무주걱으로 섞어 반죽을 마무리합니다.

머핀틀에 유산지를 깔고 반죽을 담습니다.

윗면에 코코넛롱을 듬뿍 뿌려 장식합니다.

170℃로 예열된 오븐에서 20~25분간 구우면 완성입니다.

TIP

머핀 속에 파인애플 대신 코코넛 과육을 넣어도 좋습니다.

흑설탕 카스텔라머핀

흑설탕이 들어가 흰설탕만 넣고 만든 것에 비해 단맛이 강하지 않아 더 매력적인 머핀이에요. 폭신한 카스텔라에 흑설탕의 풍미가 가득하답니다. 반죽을 굽기 전에 아몬드슬라이스나 코코넛롱을 포인트로 올리면 모양은 물론 씹는 재미도 더할 수 있어요.

재료

달걀	3개	물엿	15g	바닐라익스트랙	1t
설탕	50g	우유	15g	박력분	100g
흑설탕	35g	코코넛오일	18g		

Home Bakery

01 볼에 달걀과 설탕, 흑설탕을 넣고, 따뜻한 물을 넣은 볼 위에서 중탕으로 핸드믹서를 이용해 거품을 냅니다.

02 핸드믹서를 고속으로 휘핑하다가 반죽이 미지근해지면 중탕 볼에서 내려 계속 휘핑합니다.

03 반죽을 살짝 들어 올렸을 때 어느 정도 리본모양이 유지될 때까지 휘핑합니다.

04 다른 볼에 물엿, 우유, 코코넛오일, 바닐라익스트랙을 넣고 고루 섞은 후, 본 반죽을 약간 떠서 넣고 섞습니다.

05 섞은 반죽을 다시 본 반죽에 넣고, 가루재료를 체 쳐서 넣습니다.

06 고무주걱으로 반죽이 꺼지지 않도록 주의하면서 매끈하게 섞습니다.

07 머핀틀에 유산지를 깔고, 반죽을 채웁니다.

08 170℃에서 5분, 160℃에서 10~15분 정도 구우면 완성입니다.

TIP

코코넛오일 대신 일반 오일을 사용해도 좋습니다.
윗면에 초코칩이나 코코넛롱을 뿌려도 잘 어울립니다.

콩비지 머핀

콩비지는 비지찌개에만 들어간다는 편견을 완전히 깨버린 머핀입니다. 비지가 들어가 반죽이 더욱 촉촉하고 부드러우며, 씹을수록 비지의 고소한 맛이 살아나기 때문에 한 번 맛보면 자꾸만 손이 가게 될 정도로 매력이 있어요. 앞으로 비지찌개 만드실 때, 머핀에 넣을 비지도 조금 남겨두는 건 어떨까요?

재료

달걀	2개	두유	80g	검은콩가루	10g
설탕	70g	통밀가루	90g	콩비지	100g
포도씨유	60g	베이킹파우더	3g		

볼에 달걀과 설탕, 포도씨유, 두유를 넣습니다.

재료들이 분리되지 않게 잘 섞습니다.

비지를 넣습니다.

비지 덩어리가 없도록 잘 섞습니다.

가루재료를 체 쳐서 넣습니다.

거품기를 이용해 크게 원을 그리며 골고루 섞습니다.

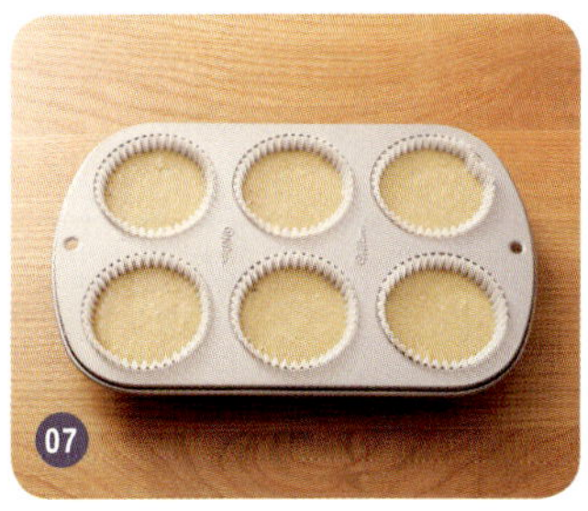

머핀틀에 유산지를 깔고, 반죽을 채웁니다.

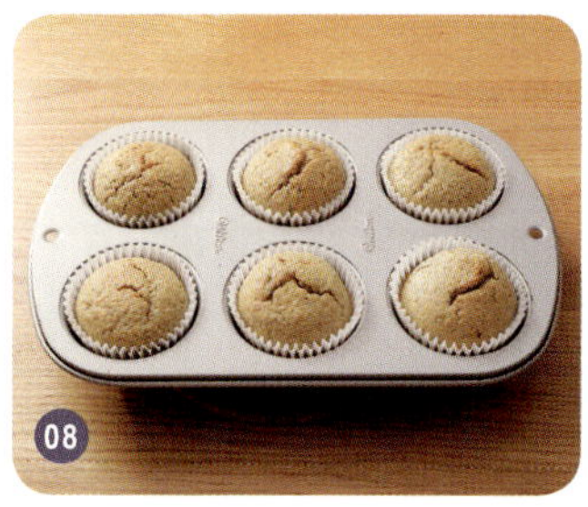

170℃로 예열된 오븐에서 약 25분간 구우면 완성입니다.

TIP

사용하는 비지에 따라 반죽의 농도가 달라집니다. 반죽을 할 때, 농도에 따라 두유 양을 조절하세요.
검은콩가루 대신 일반 콩가루 혹은 미숫가루를 넣어도 좋습니다.

에일맥주 초코 머핀

에일맥주는 홉이 많이 들어가 일반 맥주에 비해 향이 아주 좋아요. 그래서인지 에일맥주를 즐기는 사람들이 많더라고요. 이처럼 평소 좋아하는 맥주를 베이킹에 활용해보세요. 에일맥주의 쌉싸름한 맛이 카카오와 어우러져 한층 더 고급스러운 맛을 느끼게 해준답니다. 취하지 않으니 걱정하지 않으셔도 돼요.

굽기

오븐을 예열한 뒤 반죽을 넣습니다.

온 도 170℃
시 간 22~25분
분 량 일반 머핀 6개

재료

달걀	2개	에일맥주	100g	아몬드가루	20g
설탕	80g	박력분	70g	베이킹파우더	5g
포도씨유	40g	코코아가루	30g		

볼에 달걀과 설탕을 넣고 거품기로 가볍게 섞습니다.

포도씨유를 넣고 분리되지 않도록 잘 섞습니다.

모든 가루재료를 체 쳐서 한 번에 넣습니다.

거품기를 이용해 크게 원을 그리며 섞습니다.

날가루가 약간 남았을 때, 실온의 에일맥주를 넣고 섞습니다.

고무주걱을 이용해 반죽을 매끈하게 섞습니다.

머핀틀에 유산지를 깔고, 반죽을 채웁니다.

170℃로 예열된 오븐에서 22~25분간 구우면 완성입니다.

TIP

에일맥주는 냉장고에서 미리 꺼내 실온의 상태로 사용합니다.
초코머핀은 너무 오래 구우면 퍽퍽해질 수 있으니 오버베이크 되지 않게 주의합니다.

플랙시드 찹쌀 머핀

우리에겐 아마씨로 더 잘 알려진 플랙시드에는 올리브유의 50배가 넘는 오메가3 지방산이 들어있다고 합니다. 또한 식이섬유와 각종 필수비타민 등이 풍부해 두뇌발달에도 좋다고 하니 꼭 챙겨먹어야겠죠. 이렇게 몸에 좋은 플랙시드를 맛있게 먹는 방법을 알려드릴게요. NO버터, NO오일에 각종 견과류까지 듬뿍 들어가 다이어트 메뉴로도 손색없는 머핀이랍니다.

재료

두유	160g	통밀가루	20g	건크랜베리	20g
설탕	35g	베이킹파우더	2g	아몬드	20g
찹쌀가루	120g	플랙시드가루	15g	대추칩	6개

볼에 설탕과 찹쌀가루, 통밀가루, 베이킹파우더를 넣고 거품기로 섞습니다.

두유를 넣고 고무주걱으로 섞습니다.

여기에 플랙시드가루를 넣고 함께 섞습니다.

아몬드를 다져서 건크랜베리와 함께 넣고 반죽을 매끈하게 섞습니다.

머핀틀에 유산지를 깔거나, 붓으로 오일을 바릅니다.

반죽을 채웁니다.

윗면에 대추칩을 하나씩 올려 장식합니다.

180℃로 예열된 오븐에서 15~20분간 구우면 완성입니다.

TIP

대추칩 대신 생대추의 씨를 빼고 돌돌 말아 토핑으로 올려도 좋습니다.
아몬드 외에도 여러 견과류를 사용하면 다양한 머핀을 만들 수 있습니다.

피넛버터 바나나 머핀

고소한 피넛버터와 달콤한 바나나가 잘 어우러진 머핀이에요. 오일베이킹답게 휘리릭 휘리릭 그때그때 잘 섞어주기만 하면 되는데요. 바나나의 씹는 맛을 느끼고 싶다면 너무 꼼꼼히 으깨지 말고 적당히 과육이 있는 상태로 반죽에 넣어주세요.

재료

달걀	1개	포도씨유	40g	박력분	90g
설탕	50g	피넛버터	30g	베이킹파우더	6g
소금	한꼬집	바나나	2개		

Home Bakery

바나나는 껍질을 벗겨 1개 반은 포크로 적당히 으깨고, 나머지는 0.5cm 두께로 썰어 토핑용으로 준비합니다.

피넛버터와 포도씨유를 잘 섞습니다.

달걀과 설탕을 넣어가면서 거품기로 잘 섞습니다.

체 친 가루재료를 넣고 고무주걱으로 크게 원을 그리며 섞습니다.

날가루가 약간 남았을 때, 미리 으깨 놓은 바나나를 넣고 매끈하게 섞습니다.

머핀틀에 유산지를 깔고 반죽을 채웁니다.

토핑용 바나나를 위에 올려 장식합니다.

180℃로 예열된 오븐에서 20~25분간 구우면 완성입니다.

TIP

반죽에 시나몬파우더를 1/2t 정도 넣으면 깔끔하게 즐길 수 있습니다.
피넛버터 없이 바나나로만 머핀을 만들고 싶다면, 피넛버터를 생략하고 포도씨유를 50g으로 늘려 넣습니다.

레몬아이싱 홍차 머핀

그냥 마셔도, 우유를 첨가해 마셔도 좋은 얼그레이 홍차는 특히 레몬과 아주 잘 어울리는데요. 상큼한 레몬으로 만든 아이싱과 함께라면 홍차 머핀의 맛이 한층 더 살아난답니다. 평소 즐겨 마시는 홍차잎이 있다면 반죽에 활용해보세요. 차로 즐겼을 때와는 다른 느낌의 홍차를 맛보실 수 있을 거예요.

🥄 재료

달걀	1개	박력분	70g	• 아이싱	
설탕	80g	아몬드가루	30g	슈가파우더	50g
우유	30g	베이킹파우더	3g	레몬즙	1〜2t
생크림	40g	홍차티백	1개(약 2g)		
레몬제스트	1개 분량				

볼에 달걀과 설탕을 넣고 가볍게 섞습니다.

우유와 생크림을 넣고 섞다가 레몬제스트를 넣어 잘 섞습니다.

가루재료를 체 쳐서 넣습니다.

거품기로 크게 원을 그리며 섞습니다.

홍차티백을 뜯어 가루를 넣고 고무주걱으로 반죽을 매끈하게 섞습니다.

미니 머핀틀 안쪽에 붓으로 오일을 바릅니다.

반죽을 채웁니다.

170℃로 예열된 오븐에서 15~20분간 구운 후, 머핀이 식으면 슈가파우더와 레몬즙을 섞어 만든 아이싱을 바릅니다.

TIP

아이싱 위에 다진 피스타치오를 뿌리면 색감이 살아나 더욱 먹음직스럽습니다.

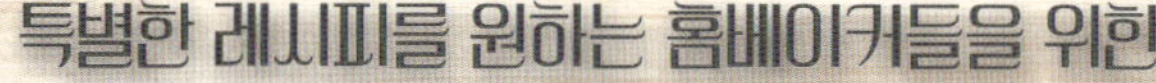

특별한 레시피를 원하는 홈베이커들을 위한

럭셔리 홈베이킹 시리즈

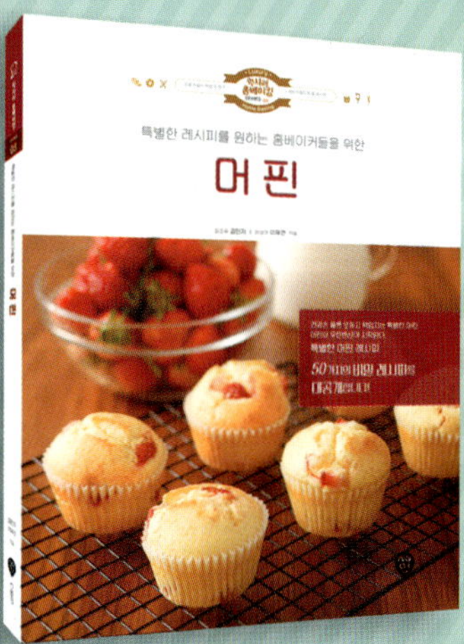

각 분야의 소문난 실력자들만 모았습니다.
전문가들의 특급 노하우와 숨겨진 특별 레시피를 공개합니다.
완벽한 베이킹을 꿈꾸는 홈베이커들을 위한
비밀 베이킹 북, 럭셔리 홈베이킹 시리즈에서 만나보세요.